Figurenreihen & Räumliches Denken trainieren

Online-Testtrainer inkl. App mit über 5.000 Aufgaben und Lösungen | Figuren drehen, Symbolrechnen, Matrizen, Zahlenreihen, Dreisatz, Mathematik & Logik

TestHelden Online Trainer
inkl. eBook, App & Community-Zugang
Herausgeber:
eHEROES GmbH
Vertretungsberechtigter Geschäftsführer: Tom Wenk
Sitz: D-08412 Werdau, August-Bebel-Straße 3

1. Auflage

Weitere Kontaktinformationen:
https://testhelden.com
E-Mail: support@testhelden.com
WhatsApp/Telefon: +49 173 72 680 05

YouTube: @TestHelden
Instagram: @TestHelden.Official
Pinterest: @TestHelden
FaceBook: @TestHelden

© eHEROES GmbH, 08412 Werdau

Alle Rechte vorbehalten. Das Werk, einschließlich aller seiner Inhalte, ist urheberrechtlich geschützt und dürfen nur mit schriftlicher Genehmigung des Verlages vervielfältigt werden. Dies gilt insbesondere für Übersetzungen und die Einspeicherung bzw. Verarbeitung in elektronischen Systemen.

Die Inhalte in diesem Buch sind von der eHEROES GmbH sorgfältig geprüft worden. Dennoch wird die Haftung der Autoren bzw. der eHEROES GmbH und seiner Beauftragten für Vermögens-, Sach- und Personenschäden ausgeschlossen. Es wird keine Garantie übernommen.

ISBN: 978-3-98540-492-6
Verlagsnummer: 978-3-98540

Inhaltsverzeichnis

1. Deine perfekte Testvorbereitung — 4
    1.1 Herzlich willkommen! — 4
    1.2 Warum ist eine intensive Vorbereitung so wichtig? — 4

2 Kleiner Wegweiser für effizientes und nachhaltiges Lernen — 6
    2.1 Richtig lernen — 6
    2.2 Prüfungsangst — 6
    2.3 Lernen und Stress — 7

3 Dein Handbuch für produktives und schnelles Arbeiten — 8
    3.1 Heimliche Zeitfresser — 8
    3.2 Ausgleich zwischen Remote und Realität — 8
    3.3 Wie finde ich den richtigen Arbeitsrhythmus? — 9

4. Produktiv Arbeiten am Computer — 11
    4.1 Praktische Windows-Shortcuts für deinen Arbeitsalltag — 11
    4.2 Praktische MacOS- Shortcuts für deinen Arbeitsalltag — 13

5. Produktiv Arbeiten mit Microsoft Excel — 17
    5.1 Die große Excel-Formelsammlung - so meisterst du deine Daten — 17
    5.2 Die wichtigsten Excel-Kurzbefehle - schneller Arbeiten dank Shortcuts — 24

6. Anleitung: So schaltest du deinen Online-Trainer frei — 25

7. Test geschafft? Mit OfficeHelden zu Spitzenleistungen im Berufsleben — 26

8. Platz für deine persönlichen Notizen — 27

1. Deine perfekte Testvorbereitung

1.1 Herzlich willkommen!

Herzlich willkommen bei TestHelden!
Wir freuen uns riesig, dich in unserer Community begrüßen zu dürfen und dich bei den Vorbereitungen auf deinen Test zu unterstützen. Du hast bestimmt viele Fragen:

Was ist TestHelden überhaupt?
Was bieten wir an?
Warum ist eine gute Vorbereitung das A&O?
Wie kannst du ausgerechnet mit uns deinen Test bestehen?
Wie komme ich den jetzt zu meinem Online-Testtrainer zur Vorbereitung?

Keine Sorge – wir haben die Antworten auf alle deine Fragen! Selbst auf die Fragen, von denen du selbst noch gar nicht weißt. Also lies dir in Ruhe die nächsten Seiten durch und schalte dann im letzten Teil des Buches deinen Online-Testtrainer mit der dazugehörigen Anleitung frei. Viel Erfolg wünscht dir vorab schon einmal das TestHelden – Team!

1.2 Warum ist eine intensive Vorbereitung so wichtig?

Wie deine Großmutter früher wahrscheinlich schon immer gepredigt hat: gute Vorbereitung ist das A&O im Leben. Wir müssen dir an dieser Stelle mitteilen - sie hatte wohl oder übel Recht.

Aber Vorbereitung ist nicht gleich Vorbereitung!

Natürlich kannst du dir auf gut Glück die Rechenformeln aus der 8. Klasse anschauen oder den Satz des Pythagoras auswendig lernen, aber so wirklich effektiv ist das nicht. Wir bieten dir hingegen einen Pool aus ausgewählten und anspruchsvollen Übungsaufgaben, die dich auf der einen Seite fordern, auf der anderen Seite aber auch zur Wiederholung von Altbekanntem dienen. Dadurch wirst du sicherer und übst dich in neue Denkmuster hineinzuversetzen. Mit den dazugehörigen Lösungswegen kannst du dich selbst kontrollieren oder bei Unklarheiten alles noch einmal ganz genau nachvollziehen.
Genau deshalb solltest du das volle Potenzial deines TestHelden-Vorbereitungspakets ausschöpfen.
Schalte dir direkt deinen Online-Testtrainer frei und erhalte damit Zugang zu unserer TestHelden.com-Lernplattform. Hier warten auf dich etliche Erklärvideos und -audios, sowie Testsimulationen und fachspezifische Community Gruppen.

**Die Anleitung, wie du dich freischalten kannst, findest du
auf den letzten Seiten dieses Buches!**

Mit deiner hinterlegten E-Mail-Adresse und dem Passwort kannst du dich auch direkt in unserer **TestHelden-App** anmelden und mobil lernen. Die App findest du unter "TestHelden" im Google Play-Store und Apple Store. Folge uns zusätzlich unbedingt auch auf YouTube. Hier werden wöchentlich zahlreiche Videos rund um die verschiedenen Auswahlverfahren, aber auch zum Thema Lernvorbereitung hochgeladen. Diese exklusiven Inhalte findest du nur auf unserem **TestHelden YouTube-Channel**. Zudem beantworten wir häufig gestellte Fragen aus unserer Community nicht nur in den Kommentaren, sondern oftmals auch direkt in Videoform. Deshalb ist es für dich so wichtig, ein Abo da zu lassen. So verpasst du kein Video mehr zu deinem Traumberuf!

Du siehst also - TestHelden unterstützt dich an jeder nur vorstellbaren Stelle bei deiner Vorbereitung. Nutze das volle Angebot von TestHelden aus und bestehe deinen Test mit bravour!

2 Kleiner Wegweiser für effizientes und nachhaltiges Lernen

2.1 Richtig lernen

Welcher unserer vielen Lernkanäle am besten zu dir passt, hängt hauptsächlich von deinem indiviudellen Lerntyp ab. Du weißt nicht, welcher Lenrtyp du bist? Diesen sollte man für ein effektives Lernen und eine gute Vorbereitung unbedingt kennen!
Insgesamt gibt es diese 4 Lerntypen:

- Auditiver Lerntyp: Gelernt wird hauptsächlich durch Zuhören
- Visueller Lerntyp: Beim Lesen oder Filme schauen wird am besten gelernt.
- Motorischer Lerntyp: Das Durchführen von Vorgängen hilft beim Lernen.
- Kommunikativer Lerntyp: Im Gespräch oder in Gruppenarbeiten bleibt am meisten hängen.

Um herauszufinden, welcher Lerntyp du bist und wie dahingehend am besten lernen kannst, solltest du dir folgende Fragen stellen:
- Male ich Skizzen, um Zusammenhänge besser zu verstehen?
- Finde ich Vorträge spannend oder kann ich nur schwer aufmerksam zuhören?
- Verstehe ich Dinge besser, wenn es ein konkretes Beispiel dazu gibt oder ich sie ausprobieren kann?
- Kann ich mir die Position von Textinhalten auf einer Seite problemlos merken?
- Ist es mir wichtig, neu Gelerntes mit jemanden zu besprechen oder anderen zu erklären?
- Prägen sich Inhalte bei mir ein, wenn sie als Foto oder Schaubild dargestellt sind?

2.2 Prüfungsangst

Ein Thema, dass nicht zu unterschätzen ist, ist die Prüfungsangst. Egal ob bei einer mündlichen oder einer schriftlichen Prüfung - die Angst vor dem Test kann schnell mal zu einem Blackout führen.
So eine Angst beruht meistens auf der eigenen Unsicherheit in Bezug auf das eigene Können. Diese Angst vor der Bewertung des eigenen Könnens, hindert die Betroffenen oft daran das erlernte Wissen in einer Prüfungssituation unter Beweis zu stellen. Wenn dann noch Angst ins Spiel kommt, kann diese das Problem noch verschlimmern.
Typische Symptome sind:

- Herzrasen
- Konzentrationsstörungen
- Gedächtnisstörungen
- Ständiges Gedankenkreisen
- Stottern
- Schweißausbrüche

Falls du von Prüfungsangst betroffen bist, solltest du versuchen den richtigen Umgang damit zu finden. Eine gute Methode ist es beispielsweise, sich früh genug mit Prüfungssituationen aller Art auseinander zu setzen. Dies können Selbstprüfungen sein, aber auch künstlich hergestellte, beispielsweise indem dich deine Familie oder Freunde abfragen. Vielleicht hilft es dir auch, mit anderen Prüflingen eine Art Prüfungsnachstellung zu machen, damit am Ende jeder etwas gelernt hat. Aber pass dabei auf, dass du dich nicht von anderen prüfungsangstbetroffenen noch mehr in die Panik hineinziehen lässt.

Wenn du schon im Vorhinein weißt, wer dich prüfen wird, kannst du dich mit den Eigenarten des Prüfers auseinandersetzen. Dadurch kannst du die entstehenden Situationen oder Anmerkungen durch den Prüfenden besser einordnen und beziehst sie nicht direkt auf dich oder deine Leistung.

Wenn du das Gefühl hast, dass die Angst immer und immer wieder Überhand von dir nimmt, dann gibt es für solche Fälle auch gezielte Therapieangebote. In diesen Therapien werden dir individuelle Taktiken an die Hand gegeben, mit denen du dich vor und während der Prüfungssituation entspannen kannst und somit dein volles Potenzial zeigen kannst.

Wir nehmen deine Prüfungsangst ernst und wollen dir die Sicherheit, die zum erfolgreichen Bestehen deiner Prüfung brauchst geben. Dafür gibt es in unserem Online-Testtrainer diverse Angebote, die dich stärken und dir Sicherheit geben sollen.

Lies dir im Vorfeld unbedingt unsere zahlreichen Erfahrungsberichte durch, in denen ehemalige Bewerber und Absolventen über ihre Erfahrungen in der Prüfung schreiben. Chatte zusätzlich in unserer Community und in unseren Gruppen, um bei Fragen direkte Ansprechpartner zu haben, die dir die Angst vor dem großen Tag nehmen können. Für die ideale Lernvorbereitung solltest du unseren Online-Testtrainer komplett durchlaufen, um im Test nicht auf überraschende Aufgabentypen zu stoßen.

2.3 Lernen und Stress

"Mach dir keinen Stress" - so leicht daher gesagt, so schwer umsetzbar. Vor allem wenn es um Lernsituationen geht, neigt man schnell dazu, Panik zu schieben, Nächte durchzulernen und Pausen eher mit einem schnellen Müsliriegel zwischendurch gleichzusetzen. Klingt super engagiert und effektiv – bringt nur leider nichts.

Dauerstress gehört zu den Top-Risikofaktoren für Vergesslichkeit. Das kommt daher, dass die permanente Anspannung und das Gefühl, nichts vergessen zu dürfen oft zum Vergessen führen. Blöd gelaufen. Besonders wenn man doch eigentlich gerade seinen Horizont erweitern möchte. Diese Vergesslichkeit kommt daher, dass der Körper bei Stress vermehrt den Botenstoff Kortisol ausschüttet. Wenn du unter Dauerstress stehst, und dadurch immer mehr Kortisol in deinen Blutkreislauf kommt, werden dadurch Nervenzellen im Gehirn geschädigt. Und das kann ja keiner wollen.

Daher solltest du dir einen Lernplan machen. Klingt vielleicht ein bisschen albern, hilft aber die Masse an Lernstoff zu strukturieren und einen Überblick über die Masse an Inhalten zu überblicken. Zudem solltest du tun, was dir deine Mutter wahrscheinlich in der Schulzeit immer schon vorgebetet hat – früh genug anfangen. Klar kann ein bisschen Zeitdruck den Ehrgeiz wecken, aber es kann dich auch total blockieren. Und wenn du ein paar Tage eher mit Lernen anfängst, fühlst du dich zum einen sicherer und zum anderen bleiben die Infos vielleicht auch ein bisschen länger kleben.

Ener der wichtigsten Aspekte: Schlaf. Denn Lernen findet entgegen der eigenen Wahrnehmung nicht nur in der Zeit des aktiven Lernens statt, sondern vor allem auch danach. Zahlreiche Studien haben bereits bewiesen, dass Schlaf eine große Rolle bei der Abspeicherung von Informationen spielt. Je erholsamer und länger der Schlaf, desto besser prägen sich Lerninhalte ins Gehirn ein.

Also fang lieber ein paar Tage eher mit deinen Vorbereitungen an, gönn dir Pausen, mach zwischendurch immer mal wieder einen kleinen Spaziergang, schau jeden Abend vor dem Schlafen gehen noch einmal in den Lernstoff rein, starte dann gemütlich in den nächsten Tag und vermeide somit unnötigen Dauerlernstress. Deine Nervenzellen werden es dir danken!

3 Dein Handbuch für produktives und schnelles Arbeiten

3.1 Heimliche Zeitfresser

Meistens kannst du Arbeitsprozesse mit ganz kleinen Handgriffen optimieren, ohne dass du direkt alles Gewohnte in Frage stellen und umschmeißen musst. Bei der Strukturierung deines Arbeitstages solltest du auch deine ganz persönlichen heimlichen Zeitfresser genauer unter die Lupe nehmen.

Der hungrigste Zeitfresser ist zweifelsfrei das eigentlich unscheinbare Smartphone. Dort schnell mal die Privatnachrichten checken, hier ein Bild auf Social Media liken oder noch die News-Zusammenfassung lesen. All diese Nebenbei-Aktivitäten scheinen nicht viel Zeit zu rauben, lenken aber täglich bis zu einer Stunde von der Arbeit ab. Eine Stunde, die dir dann am Ende des Arbeitstages fehlt. Auch der Kaffeeplausch mit den Kollegen kann schnell in ein halbstündiges Gespräch über das letzte Wochenende ausarten. Nicht nur, dass du dadurch deine Arbeit nicht in der gewünschten Zeit schafft, sondern viele Büroarbeiter fühlen sich von solchen Gespräche ihrer Mitarbeiter gestört und dadurch können sie auch nicht so produktiv sein wie sie wollen.

Vor allem im Homeoffice lauert die Ablenkung überall. Zwischen 2 Meetings staubsaugen oder die Wäsche aufhängen scheint zwar praktisch, führt aber dazu, dass du im Gesamtkontext viel länger für deine eigentliche Arbeit sitzen musst. Außerdem kommt man durch ständige Erledigungen im Haushalt aus dem produktiven Workflow heraus und kann sich immer schlechter konzentrieren. Und: Wichtige Motivation geht flöten.

Auch wenn sie verlockend sind - versuche den heimlichen Zeitfressern den Kampf anzusagen! Denn nur so kannst du und dein Umfeld produktiv arbeiten.

3.2 Ausgleich zwischen Remote und Realität

Heutzutage ist es ein leichtes von überall aus zu lernen. Die meisten Lernutensilien kannst du dir auf das technische Endgerät deiner Wahl herunterladen und überall mit hinnehmen. Klingt an sich erstmal gut, kann sich aber auch negativ auf dich auswirken.

Dadurch, dass wir neben unserem Arbeitsleben auch in unserer Freizeit ständig am Handy sind oder Serien am Laptop schauen, kann es zu verschiedenen Auswirkungen auf unseren Köper kommen. Neben Augenbeschwerden, Kopfschmerzen und Nackenleiden, kann es auch für unser Gehirn schwierig werden, sich auf Dauer zu konzentrieren. Daher solltest du versuchen, die Dinge, die du bildschirmunabhängig machen kannst, auch auf dem analogen Dienstweg zu erledigen.

Willst du beispielsweise eine Mind-Map zu einem Thema erstellen, dann schnapp dir lieber Zettel und Stift, anstatt wieder auf deiner Computermaus herumzuhacken. Oder druck dir wichtige Lerntexte aus, damit dein Kopf sie nicht wie eine eingehende Mail behandelt. Um nicht in der virtuellen Welt zu versinken, solltest du dir auch Zeitfenster für ungestörte Arbeit einplanen. Keine Calls. Keine Nachrichten. Kein Gar nichts. Ohne diese digitalen Unterbrechungen lernt dein Gehirn sich wieder auf Inhalte langfristig zu konzentrieren.

Um nicht den Bezug zur Realität zu verlieren, solltest du außerdem physische und strahlungsfreie Pausen einlegen. Versuche wirklich, dein Handy in der Pause nicht in die Hand zu nehmen und vielleicht einfach mal durch die Nachbarschaft zu schlendern und sich Leute anzuschauen, die verzweifelt einer verpassten Bahn hinterherlaufen. Wenn du dir ausreichend bildschirmfreie Zeit und Bewegung gönnst, wirst du danach entspannter und leistungsfähiger zurückkehren.

Dadurch verminderst du auch das Risiko eines computerbedingten Burnouts. Denn Bildschirmmedien wie Handy oder PC sind regelrechte Entspannungskiller. Denn durch sie verfallen wir in eine passive Haltung, die zu einem konstanten Stresserleben führen. Dieser Stress wird dann zu einem Dauerbrenner und "brennt" dich wortwörtlich aus. Das kann so weit führen, dass du dich nicht mehr in der Lage siehst zu arbeiten oder dich zu irgendetwas aufzuraffen. Oftmals müssen Betroffene in Therapie und letztendlich auch ihre Laufbahn wechseln.

Bedeutet für dich: je besser du Arbeit und Freizeit voneinander trennst, desto einfacher kannnst du körperlich als auch mental abschalten.

3.3 Wie finde ich den richtigen Arbeitsrhythmus?

Trotz der besten Arbeitsmoral ist es an vorderster Stelle wichtig, dass bei allem Ehrgeiz die Gesundheit nicht auf der Strecke bleibt! Natürlich führt die ein oder andere Überstunde hier und da nicht direkt zu einem Burn-Out. Aber man muss sich nicht immer direkt an den Extremen messen, vor allem nicht in Bezug auf Gesundheit. Nur weil dein Körper nicht „kapituliert", heißt das nicht unbedingt, dass dein aktuelles Arbeitspensum wirklich gesund ist. Meistens kommen Symptome von Überanstrengung erst schleichend zum Vorschein und schlagen dann mit voller Wucht zu.

Genau deswegen solltest du darauf achten, so viele Arbeitsprozesse wie möglich zu vereinfachen und Automatisierungen sowie Shortcuts in deinen Berufsalltag zu integrieren. Dadurch kannst du viel schneller und vor allem produktiver arbeiten. Genau dabei helfen dir die Inhalte aus deinem OfficeHelden-Paket!

Vor allem im Homeoffice ist es schwer, eine gesunde Balance zu finden. Denn hier verschwimmen die Grenzen zwischen Privat- und Arbeitsleben sehr schnell. Hinzu kommt, dass die selbst eingerichteten Arbeitsplätze oftmals unzureichend ergonomisch gestaltet sind und somit neben der hohen Arbeitsbelastung auch noch die körperliche Verfassung leidet. Nicht selten kommt es dadurch zu Nackenverspannungen, Kopfschmerzen oder Müdigkeit. Das wiederum führt dazu, dass man seine Arbeit nicht effektiv verrichten kann, alles länger dauert und Aufgaben liegen bleiben. Ein Kreislauf, dem du am besten schnellstens entgegenwirken solltest!

Dies tust du am besten, indem du dein Homeoffice körperfreundlich ein- und ausrichtest. Beispielsweise ist dein Arbeitgeber dazu verpflichtet, für das Mobiliar aufzukommen, das du benötigst, um ordnungsgemäß im Homeoffice arbeiten zu können. Dazu zählen unter anderem ein ergonomischer Schreibtischstuhl und ein Schreibtisch. Außerdem solltest du deinen Arbeitsplatz möglichst nah (aber seitlich zu) einer natürlichen Lichtquelle aufbauen und den Bildschirm auf Augenhöhe einrichten.

Darüber hinaus solltest du dein Arbeitspensum durch tägliche Routinen strukturierst. Beispielsweise solltest du während des Arbeitens oft genug zwischen Sitzen und Stehen wechseln und nach jeder erledigten Aufgabe Dehnübungen für Arme und Nacken machen. Hört sich etwas nervig an, dein Körper wird es dir langfristig danken!
Und vor allem solltest du deine Zeit sinnvoll strukturieren – egal in welchem Arbeitsumfeld. Klar kommt jeden Tag etwas Unerwartetes um die Ecke, aber der Grundfahrplan sollte stehen. Bei der Erstellung deiner Routine solltest du dieses Prinzip beachten:

So lieber nicht:
„Bis 08:55 Uhr habe ich meine Mails bearbeitet und ab 08:57 Uhr beginne ich mit Aufgabe xy und dann Pause von 11:44 Uhr bis 12:29 Uhr mach ich Pause."

So machst du´s richtig:

„Zuerst werde ich meine Mails checken, wenn das erledigt ist setze ich mich an Aufgabenbereich xy und danach gönne ich mir eine Pause an der frischen Luft."

Setze dir keine zeitlichen Grenzen, sondern zeitliche Orientierungsräume. Wichtig ist es, produktiv, aber nicht gehetzt oder unter Druck zu arbeiten. Dann geht's deinem Körper und Geist besser – und du kannst Ergebnisse abliefern, die letztendlich auch deinen Chef glücklich machen.

4. Produktiv Arbeiten am Computer

4.1 Praktische Windows-Shortcuts für deinen Arbeitsalltag

Esc	Abbrechen
Alt + F4	Aktive App schließen
Windows + Tab	Aktive Apps öffnen
F5	Aktives Fenster aktualisieren
F5	Aktualisieren
Windows + M	Alle Fenster verkleinern
Strg + A	Alles auswählen
Alt + Tab	App wechseln
Windows + Tab	Apps auf der Taskleiste wechseln
Strg + X	Auswahl ausschneiden
Strg + V	Auswahl einfügen
Strg + C	Auswahl kopieren
Druck-Taste	Bildschirmfoto erstellen
Alt + Print	Bildschirmfoto von einem Teil des Bildschirms erstellen
Windows + "+"	Bildschirmlupe öffnen
Windows + Esc	Bildschirmlupe schließen
Windows + D	Desktop anzeigen
Alt + F4	Dokument schließen
Alt + Doppelklick	Eigenschaften anzeigen
Alt + Bild auf	Einen Bildschirm nach oben bewegen
Alt + Bild ab	Einen Bildschirm nach unten bewegen
Windows + I	Einstellungen öffnen
Shift + Entf	Element dauerhaft löschen
Windows + E	Explorer anzeigen
Windows + Pfeil aufwärts	Fenster maximieren
Alt + Pfeiltaste	Geöffnete Apps mit Pfeiltasten wechseln
F1	Hilfe öffnen
Windows + N	Kalender öffnen
Alt + F8	Kennwort anzeigen
Umschalt + F10	Kontextmenü öffnen
Shift + F10	Kontextmenü öffnen

TestHelden.com

Entf	Löschen
Strg gedrückt halten und klicken	Mehrere Elemente einzeln auswählen
Strg + Esc	Menüleiste aufrufen
Windows + M + Shift	Minimiertes Fenster wiederherstellen
Windows + L	PC sperren
Strg + Z	Rückgängig machen
Windows + I	Schnelleinstellungen öffnen
Windows + Druck	Screenshot als Datei speichern
Windows + Strg + Enter	Sprachausgabe einschalten
Windows + H	Spracheingabe starten
Windows-Taste	Startmenü öffnen
Strg + F	Suchen
Strg + Alt + Entf	Task - Manager öffnen
Alt + Umschalt	Tastaturlayout umschalten
F2	Umbenennen
Alt + Pfeil nach rechts	Weiter
Strg + Y	Wiederholen
Alt + Pfeil nach links	Zurück
Windows + V	Zwischenablagenverlauf aufrufen

4.2 Praktische MacOS- Shortcuts für deinen Arbeitsalltag

Allgemeine Kurzbefehle

⌘-A	Alles auswählen
⌘-X	Ausschneiden und kopieren
⌥-⌘-Esc	Beenden einer App erzwingen
⌘-Z	Befehl widerrufen
⇧-⌘-5	Bildschirmfoto bzw. Bildschirmaufnahme
⌘-O	Datei öffnen
⌘-P	Drucken
⌘-V	Einfügen
⌘-Komma	Einstellungen öffnen
Ctrl-⌘-Leertaste	Emojis und Symbole einblenden
⌘-C	Kopieren
⌘-G	Nächstes Ergebnis anzeigen
⇧-⌘-N	Neuen Ordner anlegen
⌘-T	Neuen Tab öffnen
⌘-S	Speichern
⌘-Leertaste	Spotlight-Suche öffnen
⌘-F	Suchen
Ctrl-⌘-F	Vollbildmodus starten
⌘-M	Vorderste App auf Dock ablegen
⌘-H	Vorderste App ausblenden
⌘-W	Vorderstes Fenster schließen
Leertaste	Vorschau öffnen
⌘-Tabulatortaste	Zuletzt genutzte App öffnen

Systemweite Kurzbefehle

Ctrl-⌥-⌘-Einschalter	Alles schließen und Neustart anbieten
⇧-⌘-Q	Benutzer abmelden
Ctrl-⌘-Q	Bildschirm sperren
Ctrl-Einschalter	Dialogfenster für Ausschalt-Varianten anzeigen
⌘-D	Duplizieren
⇧-⌘-H	Eigenen Benutzerordner öffnen
⇧-⌘-G	Ein Fenster "Gehe zum Ordner" öffnen.
⇧-⌘-C	Fenster "Computer" öffnen.
⌘-I	Fenster "Informationen" für eine markierte Datei anzeigen.
⇧-⌘-F	Fenster "Zuletzt benutzt" öffnen.
⇧-⌘-I	iCloud Drive öffnen.
⌘-E	Laufwerk auswerfen
⇧-⌘-N	Neuer Ordner
Ctrl-⌘-Einschalter	Neustart erzwingen
⇧-⌘-D	Ordner "Schreibtisch" öffnen
⌥-⌘-Einschalter	Ruhezustand einschalten
Ctrl-⇧-Einschalter	Ruhezustand für Display einschalten
⇧-⌘-R	"AirDrop" öffnen
⇧-⌘-O	"Dokumente" öffnen
⌥-⌘-L	"Downloads" öffnen
⇧-⌘-K	"Netzwerk" öffnen

Kurzbefehle für das Bearbeiten von Dokumenten

⌘-Rechtspfeil	Aktuelle Position an das Ende der aktuellen Zeile bewegen.
⌘-Abwärtspfeil	Aktuelle Position an das Ende des Dokuments bewegen.
⌥-Rechtspfeil	Aktuelle Position an das Ende des nächsten Worts bewegen.
⌘-Linkspfeil	Aktuelle Position an den Anfang der aktuellen Zeile bewegen.
⌘-Aufwärtspfeil	Aktuelle Position an den Anfang des Dokuments bewegen.
⌥-Linkspfeil	Aktuelle Position an den Anfang des vorhergehenden Worts bewegen.
Ctrl-L	Auswahl zentrieren.
Ctrl-⌘-D	Die Definition eines ausgewählten Worts ein- oder ausblenden.
Ctrl-P	Eine Zeile nach oben.
Ctrl-N	Eine Zeile nach unten.
Fn-Rechtspfeil	Ende.
⌘-B	Fett formatieren.
⇧-⌘-Fragezeichen	Hilfe öffnen.
⌘-I	Kursiv formatieren.
⌘-K	Link hinzufügen.
⌘-linke geschweifte Klammer	Linksbündig ausrichten.
⇧-⌘-Plus-Zeichen	Objekct vergrößern.
⇧-⌘-Minus-Zeichen	Objekt verkleinern.
⇧-⌘-P	Papierformat festlegen.
Fn-Linkspfeil	Pos1
⌘-rechte geschweifte Klammer	Rechsbündig ausrichten.
⌘-Semikolon	Rechtschreibung prüfen.
⌘-T	Schriften einblenden.
Fn-Aufwärtspfeil	Seite nach oben.
Fn-Abwärtspfeil	Seite nach unten
⇧-⌘-S	Speichern unter
⌥-⇧-⌘-V	Stil anpassen
⌥-⌘-V	Stil einfügen
⌥-⌘-C	Stil kopieren

⌥-⌘-T	Symbolleiste einblenden / ausblenden.
Ctrl-K	Text zwischen dem Cursor und dem Ende der aktuellen Zeile oder des Absatzes löschen.
⇧-⌘-Linkspfeil	Text zwischen der aktuellen Position und dem Anfang der aktuellen Zeile markieren.
⇧-⌘-Aufwärtspfeil	Text zwischen der aktuellen Position und dem Anfang des Dokuments markieren.
⇧-⌘-Rechtspfeil	Text zwischen der aktuellen Position und dem Ende der aktuellen Zeile markieren.
⇧-⌘-Abwärtspfeil	Text zwischen der aktuellen Position und dem Ende des Dokuments markieren.
⇧-Aufwärtspfeil	Textauswahl auf das der aktuellen Position am nächsten liegende Zeichen in der darüberliegenden Zeile erweitern.
⇧-Abwärtspfeil	Textauswahl auf das der aktuellen Position am nächsten liegende Zeichen in der darunterliegenden Zeile erweitern.
⌥-⇧-Aufwärtspfeil	Textauswahl bis zum Anfang des aktuellen Absatzes erweitern.
⌥-⇧-Linkspfeil	Textauswahl bis zum Anfang des aktuellen Worts erweitern.
⌥-⇧-Abwärtspfeil	Textauswahl bis zum Ende des aktuellen Absatzes erweitern.
⌥-⇧-Rechtspfeil	Textauswahl bis zum Ende des aktuellen Worts erweitern.
⇧-Linkspfeil	Textauswahl um ein Zeichen nach links erweitern.
⇧-Rechtspfeil	Textauswahl um ein Zeichen nach rechts erweitern.
⌘-U	Unterstrichen formatieren
Ctrl-T	Zeichen tauschen.
Ctrl-O	Zeile einfügen.
⇧-⌘-Senkrechtstrich	Zentriert ausrichten.
Ctrl-A	Zum Anfang der Zelle / des Absatzes
Ctrl-E	Zum Ende der Zelle / des Absatzes
⌥-⌘-F	Zum Suchfeld.

5. Produktiv Arbeiten mit Microsoft Excel

5.1 Die große Excel-Formelsammlung - so meisterst du deine Daten

Mathematische Formeln

ABRUNDEN / ROUND	Die Formel rundet eine Zahl ab.
ARABISCH / ARABIC	Die Formel konvertiert eine römische Zahl in eine arabische (als Zahl).
AUFRUNDEN / ROUNDUP	Die Formel rundet eine Zahl auf.
BASIS / BASE	Die Formel konvertiert eine Zahl in eine Textdarstellung mit der angegebenen Basis.
DEZIMAL / DECIMAL	Die Formel konvertiert eine Textdarstellung einer Zahl mit einer angegebenen Basis in eine Dezimalzahl.
FAKULTÄT / FACT	Diese Formel gibt die Fakultät zu einer Zahl aus.
GANZZAHL / INT	Die Formel rundet eine Zahl auf die nächste ganze Zahl ab.
GERADE / EVEN	Die Formel rundet eine Zahl auf die nächste gerade Zahl auf.
GGT / GCD	Diese Formel gibt den größten gemeinsamen Teiler aus.
KGV / LCM	Diese Formel gibt das kleinste gemeinsame Vielfache aus.
KOMBINATIONEN / COMBIN	Diese Formel gibt die Anzahl der Kombinationen für eine bestimmte Anzahl von Objekten aus.
KÜRZEN / TRUNC	Die Formel kürzt eine Zahl auf eine ganze Zahl.
PI / PI	Diese Formel gibt den Wert von Pi aus.
POTENZ / POWER	Diese Formel gibt als Ergebnis eine potenzierte Zahl aus.
PRODUKT / PRODUCT	Die Formel multipliziert die Argumente.
QUOTIENT / QUOTIENT	Diese Formel gibt den ganzzahligen Teil einer Division aus.
REST / MOD	Diese Formel gibt den Rest einer Division aus.
RÖMISCH / ROMAN	Die Formel wandelt eine arabische Zahl in eine römische Zahl um.
RUNDEN / ROUND	Die Formel rundet eine Zahl auf eine bestimmte Anzahl von Stellen.
SUMME / SUM	Die Formel addiert die Argumente.

SUMMEWENN / SUMIF	Diese Formel addiert die nach einem bestimmten Kriterium angegebenen Zellen.
SUMMEWENNS / SUMIFS	Die Formel addiert die Zellen in einem Bereich, die mehreren Kriterien entsprechen.
UNGERADE / ODD	Die Formel rundet eine Zahl auf die nächste ungerade Zahl auf.
VORZEICHEN / SIGN	Diese Formel gibt das Vorzeichen einer Zahl aus.
WURZEL / SQRT	Diese Formel gibt die Quadratwurzel einer Zahl aus.
ZUFALLSBEREICH / RANDBETWEEN	Die Formel gibt eine Zufallszahl zwischen den beiden angegebenen Zahlen aus.
ZUFALLSMATRIX / RANDARRAY	Die Formel gibt eine Matrix von Zufallszahlen zwischen 0 und 1 aus.
ZUFALLSZAHL / RAND	Die Formel gibt eine Zufallszahl zwischen 0 und 1 aus.

Logische Formeln

FALSCH / FALSE	Diese Formel gibt den Wahrheitswert FALSCH aus.
NICHT / NOT	Die Formel kehrt die Logik der Argumente um.
ODER / OR	Die Formel gibt WAHR aus, wenn eines der Argumente WAHR ist.
UND / AND	Die Formel gibt WAHR aus, wenn alle Argumente WAHR sind.
WAHR / TRUE	Diese Formel gibt den Wahrheitswert WAHR aus.
WENN / IF	Die Formel gibt einen auszuführenden logischen Test an.
WENNFEHLER / IFERROR	Wenn eine Formel mit einem Fehler ausgewertet werden sollte, wird ein bestimmter angegebener Wert ausgegeben.
WENNNV / IFNA	Diese Formel gibt den Wert aus, den Sie angeben, wenn der Ausdruck zu #N/V ausgewertet wird.
WENNS / IFS	Mit dieser Formel wird geprüft, ob eine oder mehrere Bedingungen zutreffend sind.
XODER / XOR	Die Formel gibt ein logisches exklusives ODER aller Argumente aus.

Referenzen und Bezüge

ADRESSE / ADDRESS	Die Formel gibt einen Bezug auf eine einzelne Zelle in einem Tabellenblatt als Text aus.
BEREICHE / AREAS	Diese Formel gibt die Anzahl von Bereichen in einem Bezug aus.
SPALTE / COLUMN	Diese Formel gibt die Spaltennummer eines Bezugs aus.
EINDEUTIG / UNIQUE	Die Formel gibt eine Liste von eindeutigen Werten in einer Liste oder einem Bereich aus.
FILTER / FILTER	Filtert einen Bereich nach definierten Kriterien.
FORMULATEXT / FORMULATEXT	Diese Formel gibt die Formel am angegebenen Bezug als Text aus.
INDEX / INDEX	Die Formel einen Index, um einen Wert aus einem Bezug oder einem Array auszuwählen.
INDIREKT / INDIRECT	Die Formel gibt einen Bezug aus, der von einem Textwert angegeben wird.
BEREICH.VERSCHIEBEN / OFFSET	Die Formel gibt einen Bezug aus, der einen Abstand zu einem angegebenen Bezug hat.
PIVOTDATENZUORDNEN / GETPIVODATA	Diese Formel gibt die in einem PivotTable-Bericht gespeicherten Daten aus.
ZEILE / ROW	Diese Formel gibt die Zeilennummer eines Bezugs aus.
SORTIEREN / SORT	Diese Formel sortiert die Inhalte eines Bereichs oder einer Matrix.
SORTIERENNACH / SORTBY	Die Formel sortiert die Inhalte eines Bereichs oder einer Matrix anhand der Werte in einem entsprechenden Bereich oder einer Matrix.
SPALTEN / COLUMNS	Diese Formel gibt die Anzahl von Spalten in einem Bezug aus.
SVERWEIS / VLOOKUP	Die Formel sucht in der ersten Spalte einer Matrix und dann zeilenweise, um den Wert einer Zelle auszugeben
VERGLEICH / MATCH	Die Formel sucht Werte in einem Bezug oder in einer Matrix.
VERWEIS / LOOKUP	Die Formel sucht Werte in einem Vektor oder einer Matrix.
WVERWEIS / HLOOKUP	Die Formel sucht in der obersten Zeile einer Matrix und gibt den Wert der angegebenen Zelle aus.
XVERGLEICH / XMATCH	Diese Formel gibt die relative Position eines Elements in einer Reihe oder einem Bereich von Zellen aus.
ZEILEN / ROWS	Diese Formel gibt die Anzahl von Zeilen in einem Bezug aus.

Texte verändern und auswerten

DM / DOLLAR	Die Formel konvertiert eine Zahl in einen Text im Währungsformat $ (Dollar).
ERSETZEN und ERSETZENB / REPLACE und REPLACEB	Mit dieser Formel ersetzt man Zeichen im Text.
FEST / FIXED	Diese Formel formatiert eine Zahl als Text mit einer festen Anzahl von Dezimalstellen.
FINDEN und FINDENB / FIND und FINDB	Die Formel sucht einen Textwert in einem anderen (Groß-/Kleinschreibung wird berücksichtigt).
GLÄTTEN / TRIM	Die Formel entfernt Leerzeichen aus einem Text.
GROSS / UPPER	Die Formel wandelt Text in Großbuchstaben um.
GROSS2 / PROPER	Die Formel schreibt den ersten Buchstaben jedes Worts in einem Textwert groß.
IDENTISCH / EXACT	Mit dieser Formel wird überprüft, ob zwei Textwerte identisch sind.
KLEIN / LOWER	Die Formel wandelt Text in Kleinbuchstaben um.
LÄNGE und LÄNGEB / LEN und LENB	Diese Formel gibt die Anzahl der Zeichen in einer Textzeichenfolge aus.
LINKS und LINKSB / LEFT und LEFTB	Diese Formel gibt die Zeichen ganz links aus einem Textwert aus.
RECHTS und RECHTSB / RIGHT und RIGHTB	Diese Formel gibt die Zeichen ganz rechts aus einem Textwert aus.
SÄUBERN / CLEAN	Die Formel entfernt alle nicht druckbaren Zeichen aus einem Text.
SUCHEN und SUCHENB / SEARCH und SEARCHB	Die Formel sucht einen in einem anderen Textwert enthaltenen Textwert (Groß- und Kleinschreibung wird nicht beachtet).
TEIL und TEILB / MID, MIDB	Die Formel gibt eine bestimmte Anzahl Zeichen aus einer Textzeichenfolge aus, die den angegebenen Stelle beginnt.
TEXT / TEXT	Diese Formel formatiert eine Zahl und wandelt sie in Text um.
VERKETTEN / CONCATENATE	Die Formel verknüpft mehrere Textelemente zu einem Textelement.
WECHSELN / SUBSTITUTE	Mit dieser Formel ersetzt man den alten Text in einer Textzeichenfolge durch neuen Text.
WIEDERHOLEN / REPT	Die Formel wiederholt einen Text so oft wie angegeben.

Informationen zu Dokumenten und Daten

BLATT / SHEET	Diese Formel gibt die Blattnummer des Blatts aus, auf das verwiesen wird.
BLÄTTER / SHEETS	Diese Formel gibt die Anzahl von Blättern in einem Bezug aus.
ZELLE / CELL	Die Formel gibt Informationen zur Formatierung, zur Position oder zum Inhalt einer Zelle aus.
ISTBEZUG / ISREF	Diese Formel gibt WAHR aus, wenn der Wert ein Bezug ist.
ISTFEHL / ISERR	Die Formel gibt WAHR aus, wenn der Wert ein beliebiger Fehlerwert außer #NV ist.
ISTFEHLER / ISERROR	Die Formel gibt WAHR aus, wenn der Wert ein beliebiger Fehlerwert ist.
ISTFORMEL / ISFORMULA	Diese Formel gibt WAHR aus, wenn ein Bezug auf eine Zelle vorhanden ist, die eine Formel enthält.
ISTGERADE / ISEVEN	Diese Formel gibt WAHR aus, wenn die Zahl gerade ist..
ISTKTEXT / ISNONTEXT	Diese Formel gibt WAHR aus, wenn der Wert kein Text ist.
ISTLEER / ISBLAN	Diese Formel gibt WAHR aus, wenn der Wert leer ist.
ISTLOG / ISLOGICAL	Diese Formel gibt WAHR aus, wenn der Wert ein Wahrheitswert ist.
ISTNV / ISNA	Die Formel gibt WAHR aus, wenn der Wert der Fehlerwert #NV ist.
ISTTEXT / ISTEXT	Diese Formel gibt WAHR aus, wenn der Wert ein Text ist.
ISTUNGERADE / ISODD	Diese Formel gibt WAHR aus, wenn die Zahl ungerade ist.
ISTZAHL / ISNUMBER	Diese Formel gibt WAHR aus, wenn der Wert eine Zahl ist.
TYP / TYPE	Die Formel gibt eine Zahl aus, die den Datentyp eines Werts angibt.

Zeit- und Datumsformeln

TAGE360 / DAYS360	Die Formel berechnet die Anzahl der Tage zwischen zwei Datumsangaben ausgehend von einem Jahr mit 360 Tagen.
ARBEITSTAG / WORKDAY	Diese Formel gibt die fortlaufende Zahl des Datums vor oder nach einer bestimmten Anzahl von Arbeitstagen aus.
BRTEILJAHRE / YEARFRAC	Diese Formel gibt die Anzahl der ganzen Tage zwischen Ausgangsdatum und Enddatum in Bruchteilen von Jahren aus.
DATEDIF / DATEDIF	Die Formel berechnet die Anzahl der Tage, Monate oder Jahre zwischen zwei Datumsangaben.
DATUM / DATE	Diese Formel gibt die fortlaufende Zahl eines bestimmten Datums aus.
DATWERT / DATEVALUE	Die Formel wandelt ein Datum in Form von Text in eine fortlaufende Zahl um.
HEUTE / TODAY	Diese Formel gibt die fortlaufende Zahl des heutigen Datums aus.
ISOKALENDERWOCHE / ISWEEKNUM	Diese Formel gibt die Zahl der ISO-Kalenderwoche des Jahres für ein angegebenes Datum aus.
JAHR / YEAR	Die Formel wandelt eine fortlaufende Zahl in ein Jahr um.
JETZT / NOW	Diese Formel gibt die fortlaufende Zahl des aktuellen Datums und der aktuellen Uhrzeit aus.
KALENDERWOCHE / WEEKNUM	Die Formel wandelt eine fortlaufende Zahl in eine Zahl um, die angibt, in welche Woche eines Jahres das Datum fällt.
MINUTE / MINUTE	Die Formel wandelt eine fortlaufende Zahl in eine Minute um.
MONAT / MONTH	Die Formel wandelt eine fortlaufende Zahl in einen Monat um.
SEKUNDE / SECOND	Die Formel wandelt eine fortlaufende Zahl in eine Sekunde um.
STUNDE / HOUR	Die Formel wandelt eine fortlaufende Zahl in eine Stunde um.
TAG / DAY	Die Formel wandelt eine fortlaufende Zahl in den Tag des Monats um.
TAGE / DAYS	Diese Formel gibt die Anzahl der Tage zwischen zwei Datumswerten aus.
WOCHENTAG / WEEKDAY	Die Formel wandelt eine fortlaufende Zahl in den Tag der Woche um.

ZEIT / TIME	Diese Formel gibt die fortlaufende Zahl einer bestimmten Uhrzeit aus.
ZEITWERT / TIMEVALUE	Die Formel wandelt eine Uhrzeit in Form von Text in eine fortlaufende Zahl um.

5.2 Die wichtigsten Excel-Kurzbefehle - schneller Arbeiten dank Shortcuts

Befehl	Microsoft Windows	MacOS
Dokument drucken	STRG + P	CMD + P
Einfügen	STRG + V	CMD + V
Einfügen ohne Formatierung	STRG + UMSCHALT + V	CMD + OPT + SHIFT+ V
Formel vervollständigen	TAB	TAB
Gesamte Tabelle markieren	STRG + A	CMD + A
Kopieren	STRG + C	CMD + C
Mehrere Zellen markieren	SHIFT oder STRG	SHIFT oder CMD
Nächstes Tabellenblatt	STRG + Bild auf	CMD + Bild auf
Pivot-Tabelle	F11	fn + F11
Rückgängig machen	STRG + Z	CMD + Z
Schnell in der Tabelle springen	STRG + Pfeiltaste	CMD + Pfeiltaste
Spalte einfügen	STRG + Plus	CTRL + Plus
Spalte markieren	STRG + Leertaste	CTRL + Leertaste
Speichern	STRG + S	CMD + S
Suchen	STRG + F	CMD + F
Vorheriges Tabellenblatt	STRG + Bild ab	CMD + Bild ab
Zeilenumbruch innerhalb einer Zelle einfügen	ALT + ENTER	ALT + ENTER
Zeile markieren	SHIFT + Leertaste	SHIFT + Leertaste

6. Anleitung: So schaltest du deinen Online-Trainer frei

Wir von TestHelden versuchen dich so umfangreich wie möglich vorzubereiten. Neben diesem Trainer wollen wir dir natürlich auch digital und ganz individuell weiterhelfen! Und genau dafür haben wir unsere Online-Trainer.
Die Freischaltung deines ganz persönlichen TestHelden-Trainers erkläre ich dir jetzt:

Du erhältst von uns einen Gutscheincode. Dieser ist **für alle Produktgrößen** einlösbar. Anschließend kannst du dir den Umfang deines Online-Testtrainers heraussuchen.

Dein Gutscheincode lautet:
KDPTT-45

Gutscheinwert:
45,00 EURO

Deinen persönlichen Kurs findest du unter:
https://testhelden.com/produkt/figurenreihen-raeumliches-denken/

Wichtig: Gehe in deinem Browser auf den oben stehenden Link. Dort findest du unseren Online-Testtrainer mit allen verfügbaren Varianten und Umfängen. Das vorausgewählte Komplettpaket ist mit Eingabe deines Gutschein-Codes komplett kostenfrei. **Du hast auch die Möglichkeit, vergünstigt ein größeres Paket mit weiteren Inhalten, Aufgaben und Übungen zu erwerben.** Eine genaue Übersicht vom Umfang erhältst du mit Klick auf das jeweilige Paket. Wähle anschließend das für dich am besten geeignete Komplettpaket aus und klicke auf „Freischalten". Danach kannst du oben in der Kasse den Gutscheincode eingeben und der Gutscheinbetrag wird von deinem Kaufbetrag abgezogen. So kommst du richtig günstig an ein hochwertiges Paket. Klingt gut, oder?

Gib nun deine E-Mail-Adresse, Vor- und Nachname an und lege dein Passwort fest.
Mit Klick auf „Bestellen" erfolgt direkt die Freischaltung und du bist auf unserer Lernplattform angemeldet.
Deine Lerninhalte findest du in deinem Profil unter „Meine Kurse". Nach der erfolgreichen Aktivierung deines Online-Trainers erhältst du von uns weitere Informationen zum Funktionsumfang und zur Bedienung via Mail.

Wichtig: Dein festgelegtes Passwort und die hinterlegte E-Mail-Adresse sind auch deine Zugangsdaten zu unserer TestHelden-App. Diese findest du im App-Store und im Google Play-Store, wenn du ganz einfach nach „TestHelden" suchst.

7. Test geschafft? Mit OfficeHelden zu Spitzenleistungen im Berufsleben

Der Computer ist mittlerweile aus nahezu jedem Berufsalltag nicht mehr raus zu denken. Wichtige Programme, wie Excel oder Word zu beherrschen, sieht nicht nur in deinem Lebenslauf gut aus, sondern macht auch den Unterschied zwischen Mittelmaß und Überflieger. Dafür haben wir OfficeHelden zur eHEROES-Familie hinzugefügt. Dort findest du wichtige Kurse zu Themen wie:

- Tabellenkalkulation
- Datenauswertungen
- Dokumentation
- Formatierung
- Präsentation
- Gemeinsames Arbeiten über die Cloud
- 10-Finger-Schreiben (Zehnfingersystem)

.. und zahlreichen weiteren EDV-relevanten Themen.

Unsere neue Lernplattform findest du unter **https://www.OfficeHelden.com**. Wir freuen uns auf dich!

Liebe Grüße,

Tom Wenk
Geschäftsführer eHEROES GmbH

8. Platz für deine persönlichen Notizen

Printed in Poland
by Amazon Fulfillment
Poland Sp. z o.o., Wrocław

23973347R00018